8

S PIECE

9231

Le cheval percheron

8° S Pièce
9231

LE

CHEVAL PERCHERON

PAR

H. VALLÉE DE LONCEY

Ancien Officier de Cavalerie

PUBLICISTE HIPPIQUE

NOGENT-LE-ROTROU

IMPRIMERIE ET LIBRAIRIE RENOULT-WEINGAND

—

1903

8° S
9231

LE
CHEVAL PERCHERON

PAR

H. VALLÉE DE LONCEY

Ancien Officier de Cavalerie

PUBLICISTE HIPPIQUE

LA RACE PERCHERONNE

Jai toujours considéré le Percheron comme une gloire nationale agricole dont nous avons tout lieu d'être fier.

Que l'on ne vienne pas me dire que le Percheron se produit partout. C'est faux. Les nombreux vins champagnisés ne sont pas du champagne, et le gourmet ne s'y trompe pas ; de même les chevaux perchisés ne sont pas de véritables Percherons, ce ne sont que des copies, des imitations, se rapprochant plus ou moins du modèle. C'est pourquoi j'estime que si l'on peut acheter partout le Percheron de commerce, on ne doit acheter que dans le Perche le Percheron d'élevage, l'étalon, la jument, dont on veut tirer souche et que l'on veut consacrer à la reproduction.

Car le cheval percheron est un produit sélectionné du sol.

C'est à son élevage, dans la riche contrée représentant une ellipse enclavée au centre de quatre départements : l'Eure-et-Loir, l'Orne, le Loir-et-Cher et la Sarthe, de 100 kilomètres de longueur environ sur une largeur de 80 à peu près, qu'il doit son principal mérite. Le terrain est un sol argileux reposant presque partout sur un sous-sol calcaire, qui donne la belle ossature ; quelques parties sont silicieuses.

Qui penserait aujourd'hui en parcourant ce joli pays, que le Perche n'était, aux époques gauloise et romaine, qu'une immense forêt ; qu'il n'y eut aucun centre d'habitation un peu important avant le ixe et le xe siècles, époque où vinrent des moines, qui défrichèrent d'importantes étendues de terrain.

Quand on a pénétré dans le Perche, après avoir parcouru les plateaux monotones, les champs de céréales à perte de vue, au sol maigre et sec du pays chartrain, ou les grandes plaines agricoles de Mamers et de la campagne d'Alençon, le contraste est frappant. On ne se lasse pas d'admirer la configuration générale brusquement dévoilée aux regards. Tout l'ensemble du pays circonscrit par les collines est profondément mouvementé ; chaque pli, chaque vallon enveloppe de verdure les nombreux affluents de la Sarthe et de l'Huisne, qui est la gouttière collectrice de ce pays pittoresque, sillonné de cours d'eau.

Les pâturages et les champs, plantés de pommiers et de poiriers que le printemps transforme en bouquets éclatants, sont entourés de haies vives, qu'on nomme « plesses » dans le pays, haies impénétrables d'arbres, bouleaux, saules courbés, entrelacés. Le fond des vallons est partagé en belles prairies, en riches herbages, favorisés par l'humidité du climat, la nature des terrains et l'abondance des eaux. Les céréales sont cultivées principalement sur les plateaux. Les bois et forêts occupent une superficie de 26,000 hectares sur 200,000 hectares que comprend le Perche.

Au milieu de la verdure, de petites maisons

blanches, très basses, avec encadrements dé briques, s'isolent ou se groupent en hameaux ; les plus humbles fenêtres sont parées de fleurs : roses, géraniums, œillets, fuschias ; chaque maisonnette en est ornée.

La grande propriété n'existe pas dans ce pays divisé en petites fermes de 5 à 50 hectares, où le fermage à redevance fixe est presque partout pratiqué. La terre se loue de 40 à 60 francs l'hectare, les prés de 120 à 150 francs. L'élevage du cheval constitue la richesse du pays, sa principale industrie.

Particularité caractéristique : l'élevage est exclusivement entre les mains d'agriculteurs du pays. Tandis que dans le Boulonnais il y a de véritables haras particuliers appartenant à de grands propriétaires terriens, et que l'on relève parmi les lauréats des concours des noms de personnalités connues occupant, depuis plusieurs générations, une grande situation dans le pays, véritables gentilshommes affables et courtois, vous ne trouverez dans le Perche, que des fermes d'élevage plus ou moins importantes et les représentants les plus autorisés de la production chevaline sont des agriculteurs, des cultivateurs, des fermiers, braves gens, froids, peu communicatifs, mais, en revanche, épris d'un grand amour du cheval et dépourvus de toute brutalité. C'est pourquoi on voit rarement des Percherons méchants, hostiles à l'homme, que l'on ne leur a point appris à craindre et à redouter dans le bas âge.

Les plus grands centres d'élevage sont les

environs de Nogent-le-Rotrou, La Ferté-Bernard et Mortagne.

Mondoubleau et Droué forment une zone assez étendue spécialement consacrée aux juments, et qui, s'allongeant vers l'ouest, va se souder avec les communes excellentes de Dauzé et de Savigny, qui appartiennent également au Loir-et-Cher, et de Rahay et de Saint-Calais, qui font partie du département de la Sarthe.

Dans le Perche, l'élevage du poulain se fait à l'écurie, et sous l'œil du maître qui en a davantage souci, s'en occupe, le fait travailler et le nourrit comme il convient. Le trèfle surtout et le sainfoin ensuite, sont les plantes qu'affectionne le fermier Percheron.

Chaque printemps la jument est saillie ; si elle se montre stérile plusieurs années de suite, elle est vendue au commerce. Elle travaille sans cesse avant comme après la mise-bas ; c'est à peine si, à ce moment, on lui accorde quelques jours de repos. Le poulain suit le plus généralement sa mère au champ, ou bien il reste à l'écurie et ne la voit qu'à midi et la nuit.

Voilà donc la nourriture de la jument payée par le travail, et son poulain établissant le bénéfice.

Le travail est extrêmement favorable à la poulinière. On doit seulement éviter de la mettre dans les brancards, dont les contre-coups pourraient blesser le poulain dans le ventre de sa mère.

A 5 ou 6 mois, le poulain est sevré et vendu. Le sevrage s'opère très facilement chez ces rustiques animaux ; les voyages en bandes qui seraient mortels pour d'autres se font sans danger pour le poulain Percheron.

Arrivé chez l'éleveur, on lui donne un barbotage à la farine ou au son tout simplement ; du foin et du regain coupé avec de la paille d'avoine. Quelques-uns sont bien atteints de la gourme, mais ils s'en guérissent vite. L'été venu, l'air des champs et la nourriture verte des herbages le rendent à la santé.

Jusqu'à 15 mois, il reçoit peu de grain. A partir de cet âge, la nourriture s'améliore, car le fermier, avec toute la douceur qui est le propre de son caractère, commence le dressage du poulain. Au labour, on le met devant les bœufs ; au tombereau, on le place entre deux vieux chevaux, ou on l'associe à plusieurs de ses compagnons, de façon que la besogne se fasse sans fatigue pour lui. Cette seconde étape de la vie du Percheron a donc été productive.

Grâce à une bonne nourriture et à un travail gradué et proportionné à ses forces, le jeune animal se développe si bien, qu'à 3 ans c'est déjà un cheval fait.

Arrive alors le fermier Beauceron, qui l'achète pour en faire l'agent indispensable de ses travaux de culture. Là, point de racines ; à peine quelques fourrages artificiels ; mais toujours et partout, du grain, de l'avoine, cette avoine de Beauce si nourrissante, dont il reçoit, dès le début, une ration journalière qui n'est pas moindre de 4 kilogrammes, s'augmentant pro-

gressivement pour arriver jusqu'à 8 et 10 kilogrammes quand les travaux sont importants.

Voilà donc notre Percheron soigné et nourri presque à l'égal d'un cheval de course ! Tout en suivant prestement le sillon, il va conquérir de nouvelles forces, le maximum de son développement, cette énergie et cette valeur qu'on ne retrouve au même degré chez aucune autre race.

A cinq ans, il sera conduit à une des foires importantes de l'année. Le commerce s'en empare. Les plus parfaits de forme ont été achetés comme étalons à 3 et 4 ans. Les autres passent au service des omnibus, des postes, des roulages, camionnages et de toutes les industries des grandes villes.

Le Percheron a donc passé en quatre mains différentes, laissant à chaque étape d'heureuses traces de son passage, un produit certain, un bénéfice assuré d'avance. Telles sont les causes de sa supériorité sur tous les autres chevaux de trait, supériorité incontestable et incontestée, supériorité reconnue d'une extrémité à l'autre de l'Europe.

La race percheronne est une race précieuse, surtout par son étonnante précocité ; elle produit à deux ans, en travail, plus qu'elle n'a coûté en nourriture et en entretien. Elle est toujours exempte de tares osseuses héréditaires et nulle part on ne rencontre l'éparvin, le jardon, la forme, la fluxion périodique et autres infirmités redoutables.

Quelle est l'origine de la race Percheronne ?

Dérive-t-elle de la race Séquanaise au crâne moyennement allongé (*dolichocéphale*), comme le dit M. Samson ? Peu nous importe. Nous estimons qu'avec tous les changements, bouleversements, invasions, conquêtes, croisements de toutes sortes qui ont eu lieu, il ne faut pas aller chercher au-delà de deux ou trois cents ans le point de départ des races existant encore.

Pour la race Percheronne, nous la voyons se dessiner, prendre son caractère, les formes spéciques que nous lui connaissons, vers 1760, époque où des étalons orientaux furent envoyés en station au haras du Pin, au service des éleveurs du Perche. Quelques années plus tard l'influence d'étalons anglais se fit sentir dans le pays et il ne fallut rien moins que la présence longtemps prolongée vers 1820 de deux pur sang arabes, tous deux gris, pour fixer la race.

Par conséquent, il y a deux siècles environ que la physionomie de notre Percheron actuel apparaît dans l'histoire. Il répond dès lors au signalement suivant : robe gris-pommelé ; taille de 1ᵐ55 à 1ᵐ60. La tête est souvent un peu longue, le chanfrein est droit comme chez le Boulonnais, mais les oreilles de moyenne longueur toujours dressées, les naseaux bien ouverts, dilatés, l'œil grand et expressif lui donnent une physionomie agréable. L'encolure bien musclée, souple, est ornée d'une crinière longue et fine. Le corps est cylindrique, avec des côtes bien arquées ; le dos court et droit, les hanches longues, la croupe arrondie, la queue attachée haut ; les membres sont forts, solidement articulés ; le pied de moyenne grandeur, très peu de fanon au boulet. C'est le type du postier court, trapu, puissant, énergique, trottant à une allure de demi-sang anglo-normand en traînant un fort poids.

Certain jour les Américains débarquèrent. C'est là l'événement marquant, sensationnel dans l'histoire de l'élevage du cheval Percheron.

Assurément, ils arrivaient fort à propos, dans un moment de crise agricole. Leur intervention a été une véritable bonne fortune pour les éleveurs du Perche. Mais en même temps ils ont bouleversé, révolutionné toutes les traditions du pays, allant jusqu'à exiger qu'on leur fit un nouveau type de Percheron à leur convenance et à leur mesure. Ils ont exigé du gros et ils ont payé des prix inconnus jusqu'alors pour en avoir et il a bien fallu leur en fabriquer. Puis ensuite ils ont commandé une nouvelle robe ; le gris-pommelé n'étant pas de leur goût, ils ont voulu du noir. Les éleveurs ont dû fabriquer du noir.

Leurs ancêtres avaient été moins exigeants et, achetant dans le Perche, ils s'étaient contentés de ce qu'ils avaient trouvé et admiré.

On raconte en effet que M. Morgan, riche capitaliste des Etats-Unis, était venu aux fêtes qui suivirent la restauration des Bourbons. Débarqué au Havre, il prit le courrier pour se rendre à Paris, et aux environs de Bolbec ou d'Yvetôt, on lui donna un relais de quatre chevaux percherons si vigoureux, si bons trotteurs, qu'il en fut émerveillé à tel point qu'à son retour il demanda à les revoir, les acheta et les fit embarquer sans plus attendre sur le paquebot qui le ramenait dans son pays.

Plus tard, en 1839, un certain M. Edouard Harris, de Moreston, New-Jersey, acheta dans le Perche un étalon et une pouliche ; le premier avait été baptisé Philippe-Egalité ; son fils, qu'on appela Louis-Philippe, fit souche d'une descendance dont les produits sont encore aujourd'hui très recherchés.

Après l'essai de 1839, il ne fut plus importé de chevaux français aux Etats-Unis avant 1851, lorsqu'un M. Fullington acheta dans le Perche un poulain qu'il appela Louis-Napoléon et qui acquit une grande célébrité.

Dans la période présente, le grand importateur américain a été M. Marx Dunham, de l'Illinois, qui, pendant plus de 20 ans est venu lui-même faire ses achats dans le Perche. Je le rencontrais souvent et je ne lui dissimulais pas mes regrets de le voir demander du gros à tout prix. Mais c'était un si bon client ! il n'achetait pas moins chaque année de 100 à 150 étalons et les payait sur une moyenne de 10 et 15,000 fr., allant jusqu'à 20,000 fr. Son principal concurrent était M. Ellwood, l'inventeur des ronces artificielles, qui remporta au concours de Chicago le prix d'honneur avec le célèbre étalon « Chéri », qu'il avait disputé à M. Dunham à coups de bank-notes.

M. Dunham est mort. Ce sont ses neveux qui

lui ont succédé. Quant à M. Ellwood, il a renoncé à l'élevage et exploite sans doute une nouvelle branche d'industrie plus conforme à ses goûts et donnant des résultats plus prompts.

Car l'Américain du Nord n'est pas et ne peut-être un véritable éleveur. Avec la devise nationale : *Go ahead !* En Avant ! il n'a pas la patience, la persévérance, la suite dans les idées, qui sont les qualités nécessaires pour faire de l'élevage. Il ne sait pas attendre.

Pourquoi les Anglais sont-ils les meilleurs éleveurs du monde ? Parce que chez eux existe le droit d'aînesse et qu'un établissement d'élevage est continué pendant nombre de générations d'après les mêmes traditions, les mêmes principes. Chez nous, les établissements d'élevage les plus sérieux sont ceux où les fils secondent leur père et continuent son œuvre ; il faut des années pour le devenir.

C'est parce que le Yankee n'est pas un véritable éleveur qu'il n'a pu réaliser le plus cher de tous ses rêves ; créer une race percheronne américaine supérieure à la race percheronne française.

Que n'a-t-il pas fait pour cela ? Il a d'abord acheté sans compter la fine fleur des écuries du Perche. Puis il a copié l'organisation de nos éleveurs ; créé une Société Percheronne américaine dirigée par M. Sanders. C'est à Chicago, un des centres les plus commerçants et les plus animés du globe, autour duquel s'étendent les luxuriantes provinces de l'ouest des Etats-Unis, que la Société Hippique Percheronne

Américaine établit sa résidence. L'organe attitré de la Société est la *Breeder's Gazette*, un des plus importants journaux de l'Amérique du Nord. Avec cela, hardis, très entreprenants, les Américains sont de merveilleux lanceurs d'affaires. Et cependant ils n'ont pas cru devoir prendre part au concours international de Vincennes : c'était là une bien belle occasion d'exhiber le Percheron modèle qu'ils avaient entrepris de fabriquer.

Ils ont dû revenir faire de nouveaux achats dans le Perche — ce qui n'est pas pour nous déplaire. Non, il n'y a pas de trust à craindre de ce côté. La formidable concurrence américaine, qui commence à effrayer l'Europe, sera venue échouer devant la création d'un modeste cheval de trait.

Ce qui aussi est fait pour nous consoler, c'est que le mal causé à notre race Percheronne par leurs exigences, est en grande partie réparé.

J'ai publié dans un récent article quelques extraits des renseignements qui m'avaient été adressés dernièrement par M. Ch. Aveline, un des éleveurs les plus intelligents et les plus importants du Perche, titulaire de nombreuses récompenses dans tous les concours et expositions depuis 20 ans, dont j'ai pris plaisir à visiter sa belle ferme d'élevage de La Touche, située aux portes de Nogent-le-Rotrou, dans un site ravissant.

Les Américains avaient à peu près cessé leurs achats dans le Perche à cause du trop-plein chez eux. Depuis 1897, ils s'y sont remis avec plus d'ardeur que jamais, et en 1900, 1901 et 1902 ils n'ont pas acheté moins de 700 étalons par année. Les successeurs de M. Dunham, de Chicago, et M. Mac-Langhlin, de Colombus ont exporté en 1902 un total de 400 étalons Percherons.

Tous ces achats ne paraissent pas avoir nui à la qualité des chevaux destinés à faire la monte ces années-ci, car il y a actuellement dans le pays une quantité de bons chevaux noirs atteignant 3 ans avec de gros et forts membres, bien faits et secs, de 1ᵐ65 à 1ᵐ70 de taille et beaucoup d'épaisseur. Il est à signaler que ces chevaux supérieurs ne sont vendus aux Américains qu'après avoir fait une année de monte au moins.

L'administration des haras entretient dans le Perche cinq stations d'étalons Percherons, ce qui est peu pour un territoire comprenant les arrondissements de Nogent-le-Rotrou, Mortagne, Mamers et Saint-Calais et la partie ouest de l'arrondissement de Vendôme. Mais les étalonniers suppléent à cette insuffisance des étalons nationaux, ce qui ne déplaît pas à l'administration, qui approuve tous les étalons méritants.

Les pouliches sont conservées par les propriétaires qui les font naître pour renouveler leurs poulinières, et les mâles sont vendus sitôt leur naissance pour être livrés au sevrage, c'est-à-dire à six mois. Tous les meilleurs sujets sont élevés dans le Perche et très peu quittent le pays avant l'âge de deux ans et demi.

Jusqu'en 1880, tous les étalons faisant la monte dans le Perche, étaient gris ; l'on y rencontrait bien quelques étalons noirs, mais en petite quantité.

Ce n'est qu'à partir de cette date que, sur la demande pressante des Américains, les étalonniers du Perche choisirent des étalons noirs ; mais ce n'est que **par sèlection et sans aucun emprunt de sang étranger,** que l'on est arrivé dans l'espace d'une vingtaine d'années à donner la robe noire ou gris foncé à la majeure partie des chevaux percherons. Aussi, actuellement, est-il aussi facile de trouver un bon étalon noir qu'un gris.

Cependant le cheval gris-pommelé, n'a pas complètement disparu du Perche ; mais au lieu d'être pommelé à 3 ou 4 ans, comme autrefois, il l'est à 7 ou 8 ans. Il y a dans le Perche beaucoup de chevaux gris-foncé, que même les Américains ne méprisent pas et qui à 7, 8 et 10 ans deviennent de beaux gris-pommelé.

Une chose curieuse :

C'est que ces chevaux, malgré leur robe, conservent encore des reflets de pommelure dans leur robe noire. Je considère cela comme un exemple d'atavisme assez frappant et comme une preuve qu'il a été procédé uniquement par sélection dans le changement de couleur.

Le type nouveau n'est plus celui du trait léger mais bien de gros trait. La taille qui ne dépassait pas $1^{m}60$ s'est élevée à $1^{m}65$, $1^{m}70$. Le poids qui oscillait entre 550 et 600 kilog., atteint aujourd'hui 8 à 900 kilog. à trois ans.

Tête de moyenne grosseur avec le front large et les yeux sortis. Presque toujours les chevaux ont une étoile au front. L'encolure est moins courte, les oreilles sont toujours de moyenne longueur et bien dressées. De même, le dos est court et droit, les hanches sont longues, bonne épaisseur dans la croupe, excellents pieds, beaux jarrets, membres solidement articulés.

On voit que les caractères de la race n'ont pas changé dans leur ensemble. Les aptitudes sont toujours les mêmes : tempérament vif, alerte, constitution robuste, trot énergique et allongé.

Tel est l'historique, aussi complet que possible, de l'élevage du cheval dans le Perche, avec ses phases diverses, les changements qui se sont produits, le rôle qu'y ont joué les Américains. Dans toutes les races de trait de l'Europe, je ne vois, à l'heure présente, que le Boulonnais qui puisse entrer en concurrence avec lui.

Le Perche, comme le prétend un ancien dicton, est donc toujours « Le Perche aux bons chevaux ».

H. VALLÉE DE LONCEY.

www.ingramcontent.com/pod-product-compliance
Ingram Content Group UK Ltd.
Pitfield, Milton Keynes, MK11 3LW, UK
UKHW022255070726
13613UKWH00005B/2308